扫码看视频·轻松学知识

蜜蜂授粉的奥秘

黄家兴　赵中华　著

中国农业出版社

北　京

图书在版编目（CIP）数据

蜜蜂授粉的奥秘 ／ 黄家兴，赵中华主编. —北京：
中国农业出版社，2020.1(2020.8重印)
（扫码看视频·轻松学知识）
ISBN 978-7-109-26377-2

Ⅰ．①蜜… Ⅱ．①黄… ②赵… Ⅲ．①蜜蜂授粉−普
及读物 Ⅳ．①Q944.43−49

中国版本图书馆CIP数据核字(2019)第285079号

审图号 GS （2018）5945 号

MIFENG SHOUFEN DE AOMI
中国农业出版社出版
地址：北京市朝阳区麦子店街18号楼
邮编：100125
责任编辑：郭晨茜　国　圆　孟令洋
版式设计：李　静　　责任校对：吴丽婷
印刷：北京通州皇家印刷厂
版次：2020年1月第1版
印次：2020年8月北京第2次印刷
发行：新华书店北京发行所
开本：889mm×1194mm　1/16
印张：8.75
字数：140千字
定价：45.00元

领导指示

蜜蜂是一宝，加强科学研究和普及养蜂，可以大大增加农作物的产量和获得多种收益。

朱德 题
一九六○年二月廿七日

    1960年1月16日朱德委员长在致党中央和毛主席的信中阐述："养蜂事业，仅就它的直接收益来说，就高于一般农业的收益，但更重要的是它对农业增产有巨大的作用，蜜蜂是各种农作物授粉的'月下老人'。根据实验证明，有蜜蜂比没有蜜蜂做媒介，各种作物可以增产23%以上到一倍不等。而我国现在养蜂的数量是很不够的，因此，发展养蜂将成为农业增产除'八字宪法'以外的又一条重要途径。"同年2月27日，朱德委员长题词："蜜蜂是一宝，加强科学研究和普及养蜂，可以大大增加农作物的产量和获得多种收益。"

　　近年来，国家领导人非常重视养蜂业的发展，习近平总书记于2009年11月29日在中国农业科学院蜜蜂研究所呈报的《蜜蜂授粉作为一项农业增产措施亟待我国政府高度重视》上批示："蜜蜂授粉的'月下老人'作用，对农业的生态、增产效果似应刮目相看。"

　　为此，农业部于2010年出台了《关于加快蜜蜂授粉技术推广促进养蜂业持续健康发展的意见》（农牧发〔2010〕5号），印发了《蜜蜂授粉技术规程（试行）》（农办牧〔2010〕8号）和《全国养蜂业"十二五"发展规划（农牧发〔2010〕14号），2011年12月又发布了《养蜂管理办法（试行）》（第1692号公告）。

序

　　我国是世界养蜂大国，蜂群饲养量和蜂产品产量一直稳居世界首位。但遗憾的是，蜜蜂授粉的重要性在我国尚未被充分重视，养蜂人的主要经济收入来源于出售蜂产品，蜜蜂授粉所带来的收入微乎其微。在美国、加拿大等发达国家，养蜂人的主要收入则来源于蜜蜂授粉服务。美国约有240万群蜜蜂，每年进行授粉服务约17 000次，涉及蜂群数达2 400万群，一个蜂群每年可获得150～200美元的租赁费，养蜂人90%的收入是通过出租蜜蜂获得的，蜂产品是其辅助收入。对蜜蜂授粉技术利用的忽视，不仅限制了我国养蜂产业的发展，更为重要的是，蜜蜂授粉在提高作物产量、改善果实品质、促进农民增收以及维护农业生态平衡中的重要经济价值和生态价值在我国都未能得到充分体现。

　　蜜蜂授粉的生物学本能使其成为为各种农作物授粉的〝月下老人〞，养蜂业是农业发展的重要组成部分，被誉为〝农业之翼〞。我国是农业大国，蜜蜂授粉在农业中的重要地位不可忽视，加大蜜蜂授粉知识的宣传，将有助于进一步提高相关农产品的产量与品质，促进我国农业的大力发展。

　　2019年秋，我有幸阅读《蜜蜂授粉的奥秘》的书稿，该书以生动的图片和简要的文字清晰展示了蜜蜂授粉的生物学基础、蜜蜂授粉在不同农作物提质增效中发挥的作用以及相关的技术操作规程。本书不仅是一本高质量的农作物蜜蜂授粉图集欣赏，也是一本开展农作物蜜蜂授粉技术应用和知识宣传的实用工具书。相信本书的出版能够增加读者对蜜蜂授粉知识的了解，更深入的理解蜜蜂与我们人类生活的密切关系，这将有助于促进我国蜜蜂资源的保护以及蜜蜂授粉技术的利用，有助于推动我国蜜蜂授粉产业的发展。

中国养蜂学会理事长

国家蜂产业技术体系首席科学家

吴杰　研究员

2019年12月

前　言

　　蜜蜂是世界上最重要的授粉昆虫，假如蜜蜂从这个世界上消失，对于自然界和人类来说将是灾难性的后果，不仅仅是人类生活质量的下降，所有生物将会受到很大影响。联合国粮农组织（FAO）的数据表明，与人类食物直接相关的107种农作物，有91种农作物依赖于蜜蜂等昆虫进行授粉；其中，有13种农作物在利用蜜蜂授粉后增产幅度可达90%以上。在美国，蜜蜂为农作物授粉所带来的经济效益约150亿美元，每年加州55万亩*的大杏仁需要的授粉蜂群达140万群。近年来，在我国人们对蜜蜂授粉作用的认识程度也得到了很大提高，相信蜜蜂授粉在我国农业提质增产中将日益发挥重要的作用，更好的服务于农业生产。

　　本书结合作者多年从事蜜蜂授粉研究和实践，以精美图片配以简明扼要的文字形式展现出蜜蜂为农作物授粉的相关基础知识和应用技术。本书中我国农作物的分类体系以及它们对蜜蜂授粉的依赖度主要参考了FAO数据，作物面积来源于国家统计局（2016年）。本书的内容包括：简单介绍我国蜜蜂授粉的主要农作物种植情况及放蜂路线；深入介绍了蜜蜂授粉的生物学基础及蜜蜂授粉在典型农作物中的应用情况；最后展示部分农作物蜜蜂授粉图及种植面积。该书适合于科普人员了解蜜蜂授粉知识，适合于广大基层农技推广人员、养蜂人员和农民朋友查阅作物蜜蜂授粉技术，也可为中小学生了解神奇的蜜蜂世界提供参考。本书中除标注来源之外的所有图片，均由作者拍摄。

　　本书得到了农业农村部财政专项蜜蜂授粉与病虫害绿色防控技术集成示范和现代蜂产业技术体系（CARS-44）项目的资助。本书编写过程中，得到了中国农业科学院蜜蜂研究所昆虫授粉与生态研究室安建东研究员、丁桂玲副研员、董捷博士、秦浩然博士和刘霁瑶研究生对文稿的建议与帮助；全国各地养蜂业同仁和植保系统工作人员在图片拍摄过程中提供了大力支持与协助，在此一并致以衷心的感谢！

　　由于作者水平有限，时间仓促，书中错误在所难免，敬请读者、同行专家批评指正，共同推进我国蜜蜂授粉产业的发展。

作者

2019年12月

---

* 亩为非法定计量单位，1亩≈667米^2。——编者注

视频目录

目录
CONTENT

PART 1

蜜蜂授粉基础知识

作物与蜜蜂互惠互利

蜜蜂

采集粉蜜
蜂群繁殖
获得蜂产品

作物

授粉受精
提高产量
改善品质

作物对传粉昆虫的依赖性

人类利用程度较高的100种作物

75%依赖传粉昆虫

昆虫传粉80%由蜜蜂贡献

过去50年间，农业生产对传粉昆虫的依赖度增加了300%。人类利用程度较高的100种作物中，75%的种类都依赖昆虫进行传粉，而这些传粉工作的80%都是由蜜蜂完成的。

蜜蜂的地位

蜜蜂成为欧洲第三位最有价值的家养动物，对农作物授粉的贡献巨大。

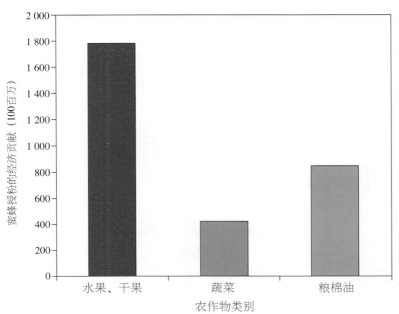

蜜蜂授粉对中国农业生产的经济价值大约为3 000亿元，相当于全国农业总产值的12.30%，是养蜂业总产值的76倍。

蜜蜂的贡献

蜜蜂是

1/3食物
70%作物

的传粉者

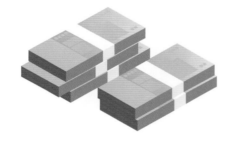

蜜蜂对我国主要农作物
的经济贡献约

3 000亿人民币

一箱蜜蜂

可为**5亩果园**授粉

50 000只蜜蜂

平均生产

蜂蜜15千克

没有蜜蜂
没有果实

NO BEES NO FRUITS

蜜蜂与植物花色

　　植物进化出各种花色，散发出特殊的香味，吸引蜜蜂前来授粉，并将花粉和花蜜作为授粉的"报酬"给予蜜蜂。

6

作物授粉的分类

　　作物授粉主要分为自然授粉和人工辅助授粉，其中自然授粉根据传粉媒介的不同，主要分为风媒授粉和虫媒授粉等。

水稻　　　　　　　玉米

风媒授粉

主要靠风力为媒介传送花粉的方式。

虫媒作物

主要靠昆虫为媒介进行传粉的方式。

油菜　　　　　　　向日葵

蜜蜂授粉增产机理

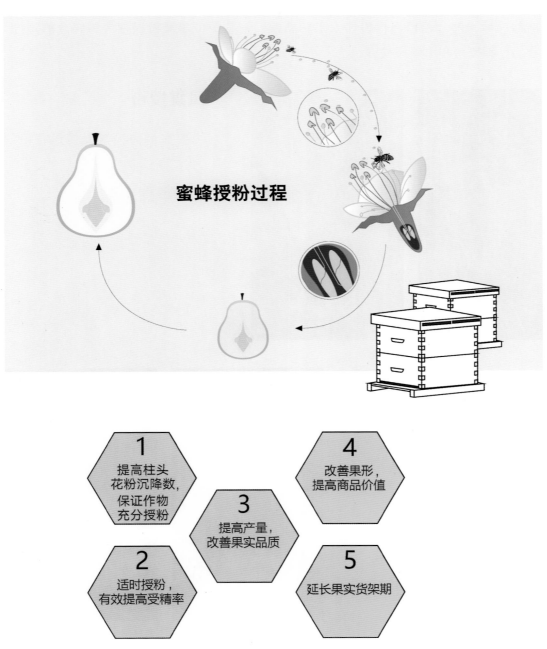

蜜蜂授粉过程

1 提高柱头花粉沉降数，保证作物充分授粉

2 适时授粉，有效提高受精率

3 提高产量，改善果实品质

4 改善果形，提高商品价值

5 延长果实货架期

我国蜜蜂饲养数量的变化

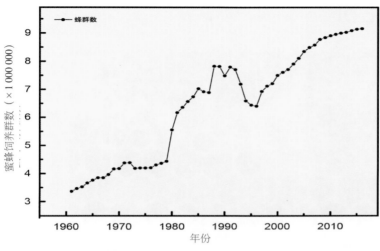

我国蜜蜂饲养数量的变化（1961—2016年）

我国饲养的主要蜜蜂
——西方蜜蜂和中华蜜蜂

中华蜜蜂

西方蜜蜂

蜜蜂的食物
——花蜜与花粉

花蜜

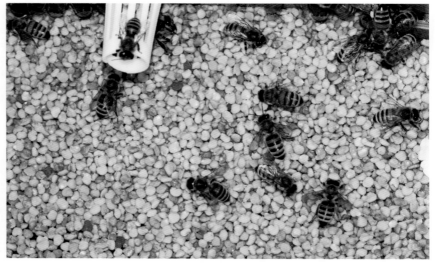

花粉

蜜蜂的工作
——采集

中华蜜蜂采集油菜上的花粉和花蜜

采集花粉

采集花蜜

天生的采集能手
——蜜蜂的形态

花粉刷和花粉筐是蜜蜂收集和携带花粉最重要的形态构造。

花粉筐：蜜蜂后足特化用于携带花粉的形态构造，位于工蜂后足胫节外侧端部略凹陷处，两侧长有结实的细长毛。

花粉刷：位于蜜蜂后足第一跗节内侧，由10 ～ 12横列金黄色粗毛组成的一种构造。可用以刷除粘附在身体后半部分的花粉。

头部

吻

触角

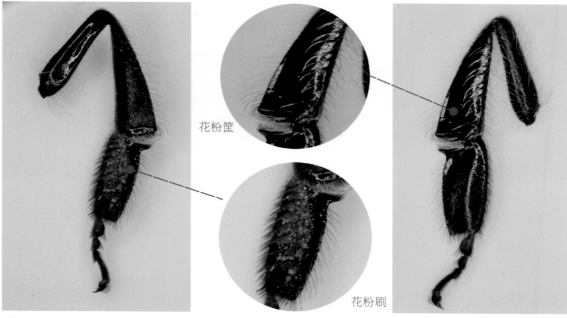

花粉筐

花粉刷

后足内侧

后足外侧

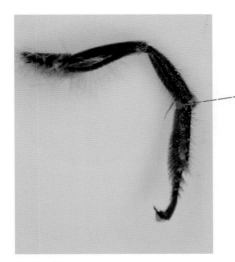

花粉栉

中足内侧

花粉栉

净角器

前足内侧

放大80倍

蜜蜂的羽毛

蜜蜂的羽毛肉眼看是直的，在显微镜下羽毛其实带有羽状分叉，有利于粘附更多的花粉，促进蜜蜂为作物授粉。

蜜蜂身上携带的花粉数量

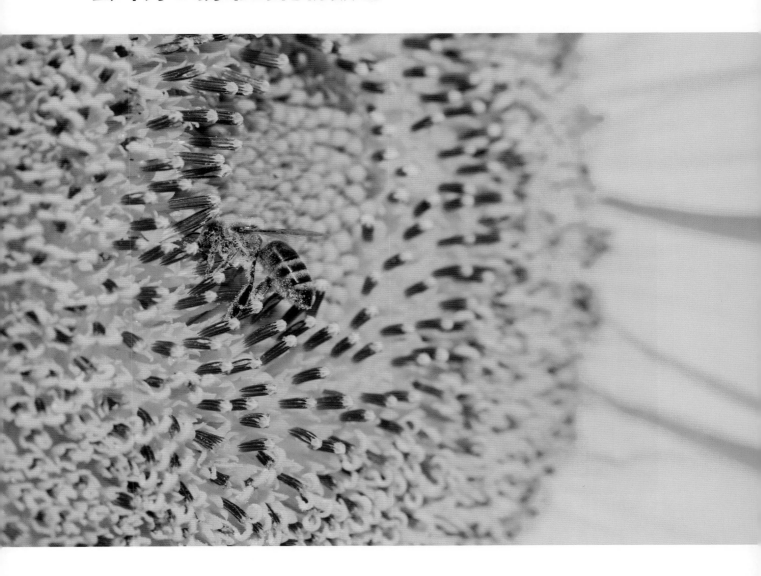

　　一只蜜蜂身上所携带的花粉粒可达500万粒。蜜蜂身上黏附的大量花粉在不同花朵之间穿梭，将花粉带到不同花朵的柱头上，从而完成授粉。

蜜蜂的特性
——食物存储性

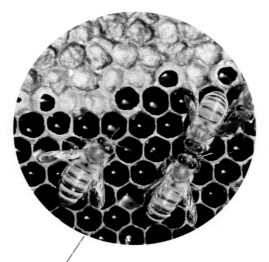

存储的封盖与未封盖蜜

　　植物的花蜜和花粉是蜜蜂存储的重要食物，花蜜是蜜蜂的主要能量来源，花粉是蜜蜂的主要蛋白源，而且蜜蜂对食物存储具有不满足的特性，特别是对花蜜的采集更是如此。当巢房存满后，蜜蜂会建筑新巢房来存储采集的花蜜。然而，当蜂群处于繁殖期时，对花粉的需要会显著增加，平常蜂群里只存少量的花粉。

蜂群喂粉喂蜜

饲喂花粉

当利用蜜蜂为无花粉或只有少量花粉的作物授粉时，应当补喂花粉，以保证蜂群的正常生长发育，提高蜜蜂的授粉积极性。

饲喂糖水

当利用蜜蜂为无花蜜或只有少量花蜜的作物授粉时，应当补喂糖水，以保证蜂群的正常生长发育，提高蜜蜂的授粉积极性。

蜜蜂授粉与脱粉

梨树蜜蜂授粉

巢门安装脱粉器

脱粉器

花粉

螨害

组织授粉蜂群之前，应该检查蜂群是否有病虫害，特别是组织小蜂群为设施作物授粉，入室前更应彻底检查。

分蜂群

中华蜜蜂分蜂群

当利用强群为农作物授粉时，应注意控制分蜂热，提高蜂群采集积极性，提高授粉效率。

蜂箱保温

保温物

　　冬天利用蜜蜂为设施作物授粉时，应加盖保温物，维持蜂群内温度相对稳定。晚上温度降低时，起到保温作用；中午太阳直射温度升高时，起到降温作用。

设施农业的发展对蜜蜂的依赖度增加

　　设施农业的发展对蜜蜂的依赖度增加，由于设施农业处于一个相对密闭的空间，而且设施农业种植大部分处于冬季，自然授粉昆虫远远不能满足设施作物授粉的需求，这使作物授粉只能依靠释放蜜蜂或人工授粉的方式促进作物坐果。

单一作物种植

连片种植的梨树

　　大面积单一作物种植，导致野生授粉昆虫不足，无法满足作物的授粉需求。

受冻害的梨花

连片种植的桃树

当果园发生冻害，花朵的受冻率达到70%，减产基本上已成定局，因为采用人工授粉，无法精确识别受冻害的花和未受冻害的花，容易造成部分未受冻害的花未授粉。此时，如果利用蜜蜂进行授粉，蜜蜂会对花朵进行全面授粉，未受冻害的花朵也可以有效授粉受精，从而保证果园的产量。因此，当果园花朵发生冻害不是很完全时，利用蜜蜂授粉能够提高坐果率，保证产量。

高接授粉枝

高接授粉枝

梨树为自交不亲和果树，因此，梨园需要种植授粉树或嫁接授粉枝。图为梨树高接授粉枝。

人工喷施植物生长调节剂

设施作物人工喷施激素促进坐果，费时费工，容易产生畸形果，降低果实品质，增加生产成本。

授粉充分与否

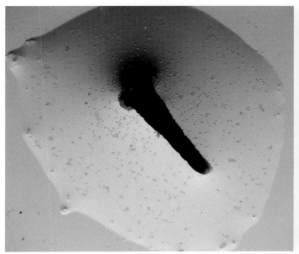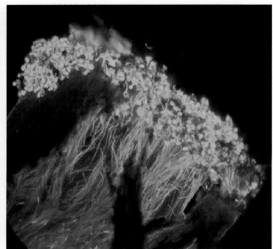

授粉充分，柱头花粉沉降数多，花粉萌发好

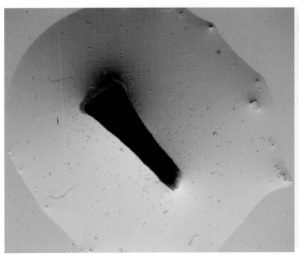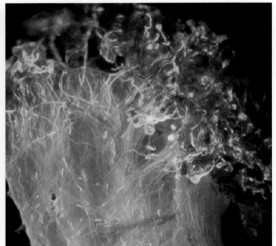

授粉不充分，柱头花粉沉降数少，花粉萌发差

我国主要蜜蜂授粉作物的分布

我国主要放蜂路线

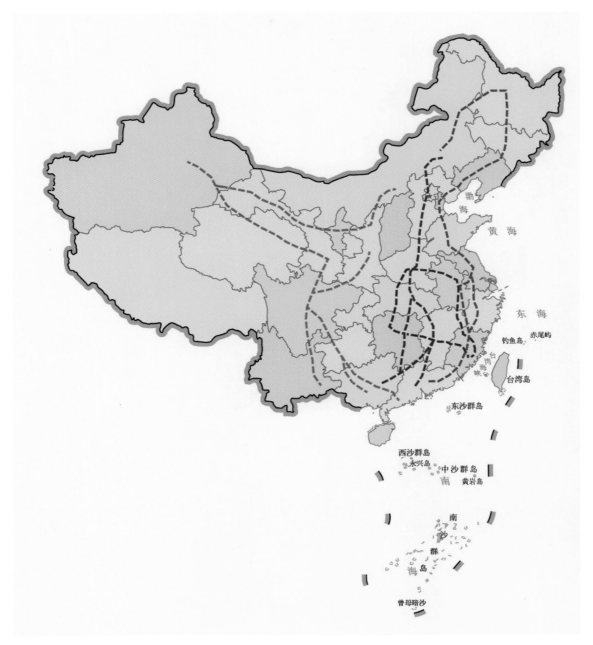

我国蜜蜂授粉线路

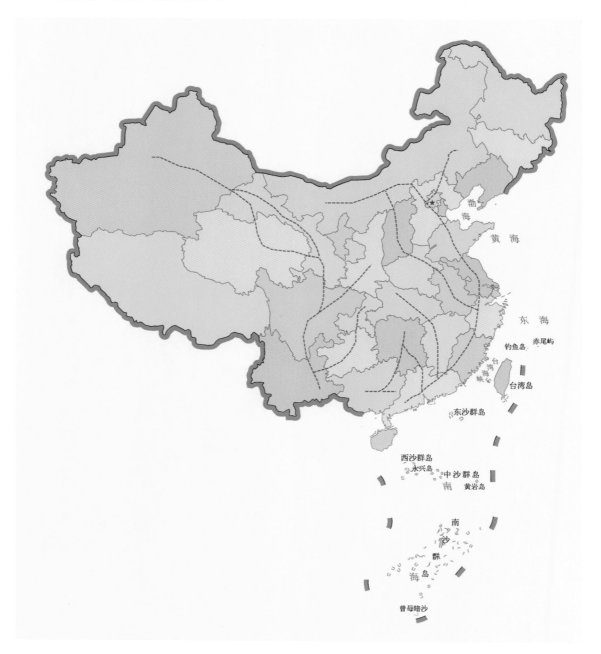

渤海

黄海

东海

钓鱼岛 赤尾屿

台湾海峡

台湾岛

东沙群岛

西沙群岛

永兴岛

中沙群岛

南 黄岩岛

南

沙

群

海 岛

曾母暗沙

PART 2

果树蜜蜂授粉

苹果蜜蜂授粉

中华蜜蜂为苹果授粉

壁蜂为苹果授粉

 高度依赖

依赖度
100%

增产
40%以上

改善果形，提高坐果率，
缩短果实发育时间，增加产量。

苹果种植面积分布图

西方蜜蜂为苹果授粉

西方蜜蜂为苹果授粉

1.蜂群配置
为了保证授粉效果，每公顷配置的蜂群数量，西方蜜蜂5~8群，东方蜜蜂10~12群。

2.蜂群饲喂
在蜂群授粉期间，提供清洁的水源。

3.放蜂时间
在苹果树开花5%时入场，促使蜜蜂更好地熟悉适应果园环境。

4.蜂群摆放
授粉蜂群在果园内间隔200米，6~8箱为一组摆放，巢门朝南。

5.蜂群管理
授粉蜂箱放置好后，不要马上打开巢门，过2个小时蜂群安定后，再将蜂巢打开。

注意事项

开花期严禁喷洒农药；蜂群摆放后，不可随意搬动；防蚂蚁；遇到寒流可适当加盖保温物。

梨树蜜蜂授粉

西方蜜蜂为梨授粉

西方蜜蜂为梨授粉

 高度依赖

依赖度
98%

增产
40%以上

提高坐果率，改善果实品质。

西方蜜蜂为梨树授粉

中华蜜蜂为梨树授粉

梨种植面积分布图

梨树人工授粉

梨树授粉蜂群　（邵有全　摄）

中华蜜蜂采集梨树花蜜

1. 蜂群配置

每公顷配置的蜂群数量，西方蜜蜂5群，群势12框或相当群势的蜂群。

2. 蜂群饲喂

具备蜂群繁育所需糖饲料即可。在梨树授粉期间，可加脱粉器或奖励饲喂，调动蜜蜂授粉的积极性。

3. 蜂的状态

蜂王能正常产卵，必需有幼虫脾。

4. 放蜂时间

梨树开花15%时，放入蜂群。

5. 蜂群摆放

蜂场应分小组摆放，小组之间相距200米。

6. 蜂群管理

授粉蜂箱放置好后，过2小时蜂群安定后，再将蜂巢打开。

壁蜂为梨树授粉

梨树蜜蜂授粉蜂群

注意事项

　　因为梨树授粉在早春，此时蜂群正处于更替或春繁阶段，为了保证授粉效果，提供洁净的水源，适当奖励饲喂。

桃树蜜蜂授粉

西方蜜蜂为桃树授粉

中华蜜蜂为桃树授粉

 中度依赖

依赖度
49%

西方蜜蜂为桃树授粉

熊蜂为桃树授粉

40

西方蜜蜂为桃树授粉

兰州熊蜂为桃树授粉

设施桃树熊蜂授粉

杏树蜜蜂授粉

西方蜜蜂为杏树授粉

★★★★★ 高度依赖

依赖度
100%

蜜蜂为设施杏树授粉　　　　熊蜂为设施杏树授粉

兰州熊蜂为杏树授粉

密林熊蜂为杏树授粉

枇杷蜜蜂授粉

中华蜜蜂为枇杷授粉

44

樱桃蜜蜂授粉

西方蜜蜂为樱桃授粉

西方蜜蜂为樱桃授粉

 高度依赖

依赖度
75%

增产
40%以上

提高坐果率，改善果实品质

蜜蜂授粉的樱桃

1.蜂群配置

每亩放置1箱6足框的蜂，或放置2个小核群。

2.蜂群饲喂

饲料足够维持蜂群的正常繁殖即可。在蜂群授粉期间，适当对蜂群进行喂糖喂水。

3.蜂群状态

蜂王正常，带有幼虫脾最好。

4.放蜂时间

在樱桃开花5%时，利用傍晚或夜间的时间，将蜂箱放入温室内，以使蜜蜂能更好地适应温室内的环境。

5.蜂群摆放

蜂箱放在温室的中间部位，若放两箱蜜蜂时，两个蜂箱之间间距30米左右，东西并列摆放。

6.蜂群管理

授粉蜂箱放置好后，不要马上打开巢门，过2个小时蜂群安定后，再将巢门打开。

注意事项

　　在放蜂时，注意温室白天放风排湿，并在放风口处罩上纱网，防止蜜蜂飞出。施药前要关闭巢门，将蜂箱暂时搬到室外，隔3～4天后再搬进室内，以免因施药造成蜜蜂大量死亡。

红光熊蜂为樱桃授粉

柑橘蜜蜂授粉

西方蜜蜂为柑橘授粉

中华蜜蜂为柑橘授粉

 轻度依赖

依赖度
34%

增产
25%～30%

中华蜜蜂为柑橘授粉

中华蜜蜂为柑橘授粉

1.蜂群配置

　　蜂种为西方蜜蜂，群势8脾以上，每箱蜂可为10亩地授粉。

2.蜂群饲喂

　　柑橘蜜较充足，因此不需要饲喂，但应该注意蜂群的粉是否能满足繁殖。

3.蜂的状态

　　蜂王健壮，蜂群无分蜂热。

4.放蜂时间

　　柑橘开花5%之前入场，花末期（柑橘花谢90%）出场。

5.蜂群摆放

　　小组散放。

注意事项

　　柑橘园若必须施药，应选用对蜜蜂毒性低或无毒的生物农药；或在蜜蜂入场前10天或蜂场撤离后喷施农药。蜜蜂授粉时，蜂场半径3千米内其他作物上禁止施药。

51

柚子蜜蜂授粉

西方蜜蜂为柚子授粉

西方蜜蜂为柚子授粉

 轻度依赖

依赖度
34%

提高坐果率，改善果实风味，增加产量。

中华蜜蜂为柚子授粉

中华蜜蜂为柚子授粉

柿子蜜蜂授粉

中华蜜蜂为柿子授粉

依赖度
26%

 轻度依赖

增产
0～40%

中华蜜蜂为柿子授粉

枣树蜜蜂授粉

中华蜜蜂为枣树授粉

中华蜜蜂为枣树授粉

★★★☆☆　　中度依赖

依赖度
50%

增产
10%～30%

提高坐果率，增加产量。

西方蜜蜂为枣树授粉

西方蜜蜂为枣树授粉

荔枝蜜蜂授粉

荔枝雌花

荔枝雄花

中华蜜蜂为荔枝授粉

增产
12%

中华蜜蜂为荔枝授粉

中华蜜蜂为荔枝授粉

龙眼蜜蜂授粉

中华蜜蜂为龙眼授粉

中华蜜蜂为龙眼授粉

增产
300%

石榴蜜蜂授粉

西方蜜蜂为石榴授粉

西方蜜蜂为石榴授粉

 轻度依赖

依赖度
10%

石榴花（左：败育，右：良好）

石榴果实

猕猴桃蜜蜂授粉

中华蜜蜂为猕猴桃授粉

中华蜜蜂为猕猴桃授粉

★★☆☆☆　轻度依赖

依赖度
34%

增产
30%

减少畸形果率，提高产量，改善果实品质。

西方蜜蜂为猕猴桃授粉
（雄花）

西方蜜蜂为猕猴桃授粉
（雌花）

西方蜜蜂为猕猴桃授粉

西方蜜蜂为猕猴桃授粉

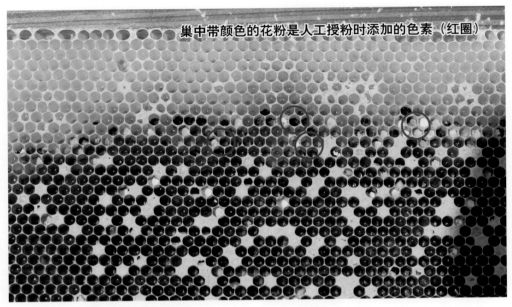

巢中带颜色的花粉是人工授粉时添加的色素（红圈）

蜜蜂采集人工授粉后的猕猴桃花粉

猕猴桃人工授粉

草莓蜜蜂授粉

西方蜜蜂为草莓授粉

释放蜜蜂过量，多只蜜蜂同时采集一朵花

 高度依赖

依赖度
100%

增产
40%以上

草莓畸形果率下降约60％；且甜度增加，风味改善，提高了产品附加值，增加了农民收入。

蜜蜂为设施草莓授粉

1.蜂群配置

大棚内每亩地放置蜜蜂一群（3脾，约6 000只），蜂种为西方蜜蜂。

2.蜂群饲喂

饲料要充足，巢脾上要有蜜2.5～3千克。

3.蜂群喂水

蜜蜂要喂水，水中加入少量食盐，把喂水器放在离蜂箱门不远处，喂水器内放漂浮物，以防蜜蜂淹死。

4.蜂的状态

蜂王能正常产卵，脾上有部分幼虫和蜂蛹。

5.放蜂时间

草莓零星开花时，放入蜜蜂。

6.蜂群摆放

晚上待蜜蜂停止活动后，将蜂群放在一个高约0.5米的架子上。蜂箱在大棚内宜置于北部，巢门朝南；也可放在大棚内的西部，巢门面向东方。

16 千公顷

0

草莓种植面积分布图

兰州熊蜂为草莓授粉

兰州熊蜂为草莓授粉

蜜蜂授粉后结出的草莓果实

注意事项

1. 在授粉的过程中不可打农药，如需打药，一定选用对蜜蜂低毒药剂，并在打药的前一天将蜂箱巢门关闭后移开，3~4天后再将蜂箱搬回。

2. 冬季及早春蜜源少，要加强饲养管理。饲养量以饲养后蜜蜂能正常授粉为准。否则，会出现饲料过量、蜜蜂不授粉，或饲料过少、蜜蜂无力飞行传粉，造成蜜蜂授粉失败。

3. 在授粉后期，宜把大棚温室的底吊打开一部分，让蜜蜂自由出入温室，可延长工蜂的寿命，提高授粉效果。

PART 3

蔬菜蜜蜂授粉

西瓜蜜蜂授粉

西方蜜蜂为西瓜授粉

蜜蜂授粉后结出的西瓜

 中度依赖

依赖度
49%

增产
170%

提高坐果率，增加产量，改善果实风味。

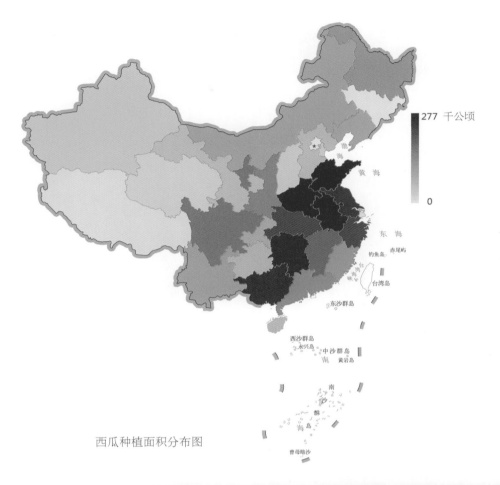

277 千公顷

0

西瓜种植面积分布图

中华蜜蜂为西瓜授粉

中华蜜蜂为西瓜授粉

甜瓜蜜蜂授粉

西方蜜蜂为甜瓜授粉

西方蜜蜂为甜瓜授粉

 中度依赖

依赖度
80%

西方蜜蜂为甜瓜授粉

增产
200%

提高坐果率，缩短发育历期，增加甜度，改善果形，提高产量。

64 千公顷

0

甜瓜种植面积分布图

蜜蜂为设施甜瓜授粉

西方蜜蜂为甜瓜授粉

1.蜂群配置

蜂种西方蜜蜂，大田每箱蜂（6足框蜂，至少带有1子脾）可授粉5亩，大棚授粉采用小核群3脾蜂即可。

2.蜂群饲喂

粉蜜充足，可为蜂群提供正常的繁殖需求，通常子脾上有1千克以上封盖蜜，外边蜜脾上有1.5千克存蜜。

3.蜂群喂水

提供洁净水源，特别大棚内,喂水时注意放一些漂浮物，以防蜜蜂淹死。

4.蜂的状态

蜂王正常，无分蜂热。

5.放蜂时间

大田开花量达到10%时入场；大棚可见花就引入蜜蜂，入棚后巢门控制到只有1只蜂进出，随着花量增多，慢慢开大。

6.蜂箱摆放位置

大田授粉时，小组散放；大棚授粉时，坐北朝南，大棚内适宜温度22～28℃，湿度控制在50%～80%。

西方蜜蜂为甜瓜授粉

喷施激素甜瓜表面网纹多裂（左图）
蜜蜂授粉甜瓜表面网纹均一（右图）

喷施激素甜瓜籽实空（上图）
蜜蜂授粉甜瓜籽实饱满（下图）

注意事项

1.授粉期间，严禁施药。如果需要打药，必需转移蜂群。搬移蜂箱时需轻拿轻放，以免引起箱内蜜蜂躁动。

2.在棚室作业时，不要敲打蜂箱，非专业人员严禁打开箱盖，以免被蜇。

3.安装防虫网，防蜜蜂大量逃逸。

4.及时为蜂群补充饲料。

丝瓜蜜蜂授粉

中华蜜蜂为丝瓜授粉

红尾熊蜂为丝瓜授粉

娇熊蜂为丝瓜授粉

南瓜蜜蜂授粉

黄熊蜂为南瓜授粉

红光熊蜂为南瓜授粉

 **中度依赖**

依赖度
67%

增产
40%

显著提高坐果率。

黄瓜蜜蜂授粉

中华蜜蜂为黄瓜授粉

中华蜜蜂为黄瓜授粉

 轻度依赖

依赖度
35%

增产
20%

结籽率显著提高

中华蜜蜂为黄瓜授粉

西葫芦蜜蜂授粉

中华蜜蜂为西葫芦授粉

山岭熊蜂为西葫芦授粉

 中度依赖

依赖度
50%

增产
20%

提高坐果率，增加产量。

辣椒蜜蜂授粉

西方蜜蜂为辣椒授粉

西方蜜蜂为辣椒授粉

 高度依赖

依赖度
75%

增产
30%

提高坐果率和结实率，缩短坐果时间，显著增加单果重和果实长度。

中华蜜蜂为辣椒授粉

兰州熊蜂为辣椒授粉

茄子熊蜂授粉

密林熊蜂为茄子授粉

地熊蜂为茄子授粉

★★☆☆☆　　中度依赖

依赖度
40%

增产
60%

改善果形和果实品质，提高产量。

兰州熊蜂为茄子授粉

番茄熊蜂授粉

地熊蜂为番茄授粉

熊蜂授粉的番茄

   轻度依赖

依赖度
26%

增产
0～40%

熊蜂为番茄授粉

地熊蜂为番茄授粉

熊蜂为番茄授粉（左花：熊蜂吻痕，右花：无）

1.蜂群配置

　　每两亩大棚放置一箱熊蜂。

2.蜂群饲喂

　　购买时将饲料准备充分。

3.蜂群喂水

　　放一盘洁净水，再放上一些漂浮物。

4.蜂的状态

　　工蜂数达到50只以上。

5.放蜂时间

　　初花期即可引入。

6.蜂箱摆放位置

　　常采用坐北朝南。

注意事项

　　1.严禁喷施农药，此外清洁剂、胶粘物、硫化物等也尽量不用，否则会对熊蜂生存及活力产生影响。

　　2.搬运蜂箱时，应尽量避免振荡、震动及风吹，绝对不能倒转过来。

　　3.防止蛰人，如遇蛰人及时送往医院。

大葱蜜蜂授粉

中华蜜蜂为大葱授粉

西方蜜蜂为大葱授粉

西方蜜蜂为大葱授粉

萝卜蜜蜂授粉

西方蜜蜂为萝卜授粉

 高度依赖

依赖度
100%

西方蜜蜂为萝卜授粉

西方蜜蜂为萝卜授粉

籽莲蜜蜂授粉

西方蜜蜂为籽莲授粉

西方蜜蜂为籽莲授粉

 中度依赖

结籽率提高
20%

增产
7%

西方蜜蜂为籽莲授粉

PART 4

油料作物蜜蜂授粉

油菜蜜蜂授粉

西方蜜蜂为油菜授粉

西方蜜蜂为油菜授粉

★★★★★ 高度依赖

依赖度
90%

增产
30%

可显著提高结荚数、荚粒数、千粒重、油菜籽产量、出油率。

中华蜜蜂为油菜授粉

油菜授粉试验（蜜蜂授粉区、空白对照和防虫网盖对照）

1.蜂群配置

平原地区连片种植的油菜，可按3~6亩配置一个群势大于1.0千克以上工蜂的授粉蜂群；其他地区可适当增加授粉蜂群配置数量。

2.放蜂时间

油菜开花10%时入场。

3.蜂群喂水

提供洁净水源。

4.蜂群摆放

油菜面积700亩以上，或地块长度达2千米以上，将授粉蜂群以10~20群为一组布置在地块的中央，并使相邻组的蜜蜂采集范围相互重叠。油菜面积不大，蜂群可布置在田地的任何一边。

5.授粉蜂群保温

日平均气温低于10℃时，采取蜂多于脾和增加保温物的方法为蜂群保温。

6.授粉蜂群保持群势

授粉蜂群群势低于1.0千克时，采取合并或补充出房子脾的方法保持群势，以保证蜂群正常开展授粉活动。

7.训练蜜蜂

授粉活动初期每天用浸泡过油菜花瓣的糖浆饲喂蜂群。每群每次喂100~150克。第一次饲喂在晚上进行，第二天早晨蜜蜂出巢前，再补喂一次，以后每天早晨喂一次，直到蜜蜂正常出巢进行授粉活动。

8.油菜授粉前管理

常规的水肥管理，不可去雄处理。

9.油菜授粉后管理

根据需要及时对油菜施肥浇水，以提高油菜籽产量和质量。

中华蜜蜂为油菜授粉

油菜的花苞　　　　　　　　　油菜花蜜

注意事项

　　开花期间防治病虫害应选择对蜜蜂无毒的农药，防止蜜蜂中毒。

油菜种植面积分布图

蜜蜂为油菜授粉

向日葵蜜蜂授粉

西方蜜蜂为向日葵授粉

西方蜜蜂为向日葵授粉

 中度依赖

依赖度
39%

熊蜂为向日葵授粉

增产
10%～40%

降低空壳率，提高产量。

三条熊蜂为向日葵授粉

1. 蜂群配置

常为西方蜜蜂，每群蜂8脾以上，可管10～15亩地授粉。常以10～20群为一组，分开摆放。

2. 蜂群饲养

蜂王正常发育所需饲料即可。

3. 放蜂时间

开花10%前入场。

4. 蜂群摆放

摆放于地块四周或中央空地，远离渠道、有害污染源及居民区，均匀摆放，巢门背风向阳，蜂场与授粉田间距离小于100米。

5. 蜂群管理

加强喂水、通风，创造良好小环境，清除巢门周围杂草、保持进出蜂路通畅、全部打开箱体周围通

向日葵种植面积分布图

风孔。加盖保温物，调整巢脾，强群补弱群，保持蜂多于脾，维持箱内温度稳定，保证蜂群能够正常繁殖。初花期适当用含向日葵花的糖浆奖励饲喂，提高蜜蜂授粉的积极性。

6.蜜粉采收

适时检查蜂群的蜜粉情况，应及时采收蜂蜜和花粉，防止蜜粉压子脾，提高蜜蜂访花的积极性，消除分蜂热。

7.提供清洁水源

授粉期间保证蜂群具有干净充足的水源。

8.蜂场半径

半径3千米内禁止施药，防止蜇人。

芝麻蜜蜂授粉

西方蜜蜂为芝麻授粉

★★☆☆☆　中度依赖

依赖度
39%

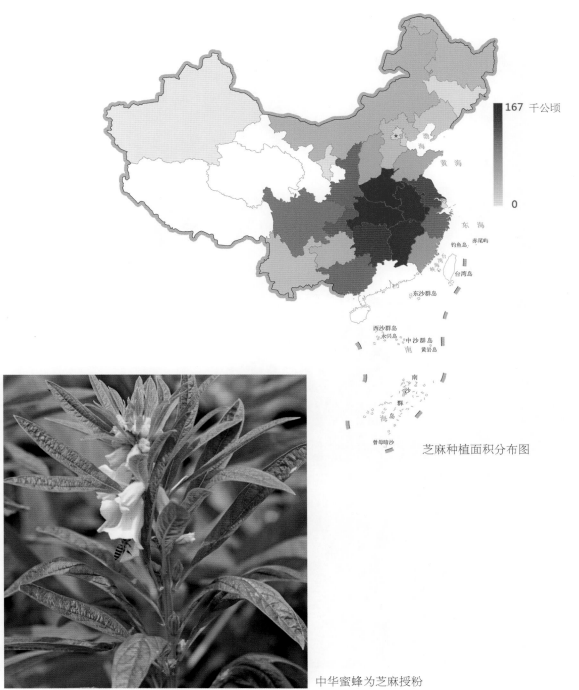

芝麻种植面积分布图

中华蜜蜂为芝麻授粉

娇熊蜂为芝麻授粉

大豆蜜蜂授粉

中华蜜蜂为大豆授粉

西方蜜蜂为大豆授粉

★ ★ ★ ★ ★　**轻度依赖**

依赖度
10%

增产
10%

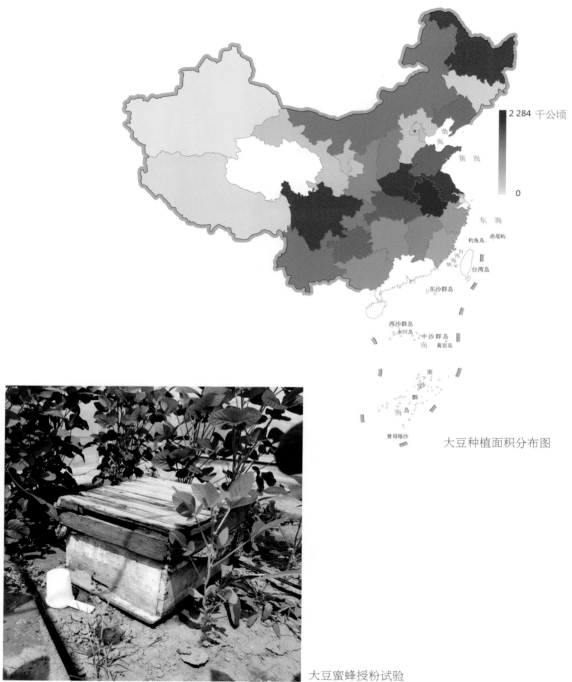

2 284 千公顷

0

大豆种植面积分布图

大豆蜜蜂授粉试验

PART 5

饲料作物蜜蜂授粉

草木樨蜜蜂授粉

中华蜜蜂为黄花草木樨授粉

 轻度依赖

中华蜜蜂为白花草木樨授粉

依赖度
10%

斯熊蜂为黄花草木樨授粉

红豆草蜜蜂授粉

西方蜜蜂为红豆草授粉

西方蜜蜂为红豆草授粉

 高度依赖

种子产量增加
500%

隐熊蜂为红豆草授粉

隐熊蜂为红豆草授粉

苜蓿蜜蜂授粉

中华蜜蜂为苜蓿授粉

中华蜜蜂为苜蓿授粉

 高度依赖

依赖度
100%

增产
57%

结籽率显著提高

三叶草蜜蜂授粉

西方蜜蜂为三叶草授粉

西方蜜蜂为三叶草授粉

★ ★ ☆ ☆ ☆　轻度依赖

籽增产
28%以上

火红熊蜂为三叶草授粉

火红熊蜂为三叶草授粉

PART 6

粮食作物蜜蜂授粉

荞麦蜜蜂授粉

西方蜜蜂为荞麦授粉

西方蜜蜂为荞麦授粉

 中度依赖

依赖度
41%

增产
20%以上

可显著提高产量、千粒重、降低空籽粒。

 122

荞麦蜜蜂授粉增产试验

1.蜂群配置
　　按8亩配置12框蜂计算。

2.放蜂时间
　　荞麦开花10%时入场。

3.蜂群喂水
　　在蜂群前方安放喂水器提供洁净水源。

4.蜂群摆放
　　将授粉蜂群以10~20群为一组布置分散于地块。

5.蜂群保温
　　日平均气温低于10℃时，采取蜂多于脾和增加保温物的方法为蜂群保温。

6.及时转地
　　荞麦多数种植于北方地区，气温下降，不适宜蜂群正常繁殖应转场。

注意事项

　　加强饲养管理，防治大小蜂螨；流蜜不好时，坚决不取蜜，保证蜂群贮有足够的饲料。

内蒙古固阳县荞麦田

西方蜜蜂为荞麦授粉

内蒙古固阳县荞麦田

水稻蜜蜂授粉

中华蜜蜂为水稻授粉

 无依赖

水稻属风媒作物，
蜜蜂授粉是一种辅助作用。

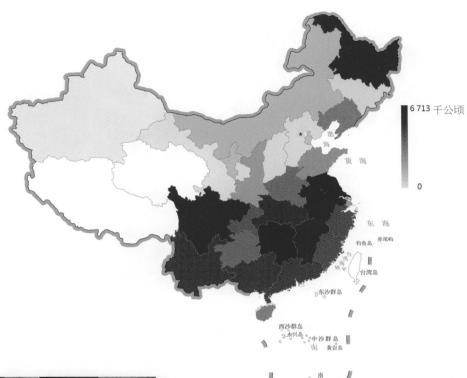

6 713 千公顷

0

水稻种植面积分布图

中华蜜蜂为水稻授粉

西方蜜蜂为水稻授粉

玉米蜜蜂授粉

中华蜜蜂为玉米授粉

中华蜜蜂为玉米授粉

 无依赖

玉米属风媒作物，
蜜蜂授粉是一种辅助作用。

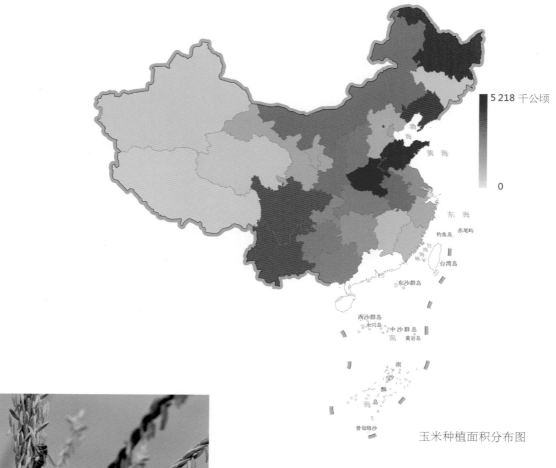

5 218 千公顷

0

渤海

黄海

东海

钓鱼岛　赤尾屿

台湾海峡

台湾岛

东沙群岛

西沙群岛

永兴岛　中沙群岛

南　　黄岩岛

南

沙

群

海　岛

曾母暗沙

玉米种植面积分布图

中华蜜蜂为玉米授粉

130